LA PERSE

Actuelle

PAR

Marcel LE GRAND

Sous-Directeur de la Bénédictine

FÉCAMP

IMPRIMERIES RÉUNIES L. DURAND ET FILS

1895

LA PERSE

ACTUELLE

LA PERSE

Actuelle

PAR

Marcel LE GRAND

Sous-Directeur de la Bénédictine

FÉCAMP

IMPRIMERIES RÉUNIES L. DURAND ET FILS

1895

SOMMAIRE

I

QUELQUES CONSIDÉRATIONS SUR LA POLITIQUE ÉTRANGÈRE

Quelques considérations sur la Politique étrangère

L'INGÉRENCE de la politique étrangère dans le centre Asie n'aura eu que des conséquences néfastes pour le développement du vaste Empire de Cambyses et des Darius. Voici plus d'un siècle que les ambitions rivales de l'Angleterre et de la Russie se disputent la prépondérance sur la terre persane et il faut bien l'avouer, dans cette lutte d'influence, la politique française fut la cause inconsciente du point de départ de l'affaiblissement qui a tant retardé l'expansion commerciale, industrielle et économique de la Perse.

On sait qu'au commencement de ce siècle Feth-Ali-Chah, le souverain d'alors, rêvait une alliance avec Napoléon Ier pour résister aux empiètements de la Russie. Son ambassadeur, le prince Mirza-Righa-Khan, porta même à l'Empereur un traité qui fut signé à Falkestein le 4 mai 1807. Ce traité garantissait l'intégrité du territoire Persan et la suzeraineté de la Perse sur la Géorgie. Il promettait même l'évacuation par la Russie de ce dernier Etat. De son côté, servant les vues de Napoléon, qui visait la route des Indes pour frapper au cœur Albion, sa vieille ennemie, la Perse devait expulser tous les agents Anglais et fomenter la révolte chez les Afghans, les Mahrattes, etc., pour marcher contre les possessions anglaises. La Perse même s'engageait à livrer passage à une armée française allant à la conquête des Indes, si Napoléon se décidait à cette expédition.

Après le traité de Tilsitt, la Perse fut absolument sacrifiée aux sympathies de Napoléon pour Alexandre Ier.

Feth-Ali-Chah vit ses propositions repoussées sous un prétexte spécieux. A partir de ce moment, l'influence française en Perse fut considérablement diminuée, sinon à jamais perdue.

A partir de ce moment aussi, l'Angleterre et la Russie allaient se disputer leur proie.

A cent ans de distance, la situation ne s'est guère modifiée, politiquement parlant. Depuis 1879, les ambitions rivales de la Russie et de l'Angleterre sont plus vives que jamais et, comme l'a si justement écrit M. Lacoin de Vilmorin, ces deux peuples ne sont plus séparés que par deux barrières qu'ils essaieront de briser si quelqu'intervention étrangère ne surgit à temps : les Persans et les Afghans.

L'Angleterre, avec sa politique cauteleuse, inspirée des principes de Machiavel, n'agit jamais au grand soleil, elle tisse sa trame dans l'ombre et « ne s'avance qu'en rampant », cachant toujours sa pensée, déguisant ses projets, flattant et promettant sans cesse, jusqu'à ce qu'elle essaye d'assommer les nations auxquelles elle a versé le narcotique de ses menteuses promesses. C'est ainsi qu'elle procède en Perse.

La politique d'envahissement de la Russie résume ce paragraphe du testament de Pierre Le Grand : « hâter la décadence de la Perse, « pénétrer dans le golfe Persique, rétablir l'an- « cien commerce du Levant et s'avancer vers

« les Indes où se trouvent les richesses du « monde entier. »

Très fins, les Persans, diminués ou spoliés, savent quoi penser et à qui s'en prendre.

L'Angleterre est hypocrite.

Le Russe est brutal.

Eh bien ! si les Persans en étaient réduits à se soumettre à un maître, ils se jetteraient sans hésiter dans les bras de la Russie.

Disons tout de suite que S. M. le Chah Nassr-ed-Din, qui a rapporté de ses deux voyages en France une excellente impression, apprécie beaucoup le désintéressement de notre nation. La France est en faveur auprès de lui et c'est elle qu'il choisit pour arbitre et pour médiatrice dans les différends survenus entre l'Angleterre et la Russie.

Certes, l'arbitrage de la France sera toujours loyal, désintéressé et d'une impeccable justice. Mais quelsque soient les efforts de nos diplomates, ils ne pourront empêcher que dans l'avenir la question Persane n'ait un dénouement violent. Un choc terrible se produira entre l'Angleterre et la Russie, se disputant l'Empire des Indes.

Quelles seront les conséquences de cette

gigantesque rencontre ? Qui sait si le réveil de la réaction religieuse n'opposera pas à l'invasion une digue infranchissable. Le Japon aussi fut menacé, ne fut-il pas sauvé par le soulèvement de ce que nous appelons le fanatisme. Ce fanatisme n'est, chez certains peuples et à certaines heures, que l'exaspération de la foi et du patriotisme.

Chez les Persans, il ne fait pas bon froisser ces sentiments. Il n'y a pas si longtemps, un soulèvement populaire à Téhéran affirma la haine des Persans pour les Anglais et la répugnance naturelle des Musulmans pour la civilisation européenne.

La régie des tabacs, concédée par S. M. le Chah à une compagnie anglaise, fut le prétexte de cette manifestation nationaliste, dont la cause réelle était la violence et la brutalité avec lesquelles étaient traités par les représentants de l'administration, les marchands détenteurs des tabacs.

Des mollahs fanatiques entraînèrent le peuple en fureur, parcourant les rues, demandant à grands cris l'expulsion des étrangers. Ivres de colère, ces bandes se ruèrent sur le palais du

Souverain, dont le fils, le Naïb-es-Sultanieh, ministre de la guerre, fut renversé dans une bousculade. L'exaspération était telle, que des forcenés menaçaient la vie même de Nassr-ed-Din. Les troupes tirèrent et quelques cadavres jonchèrent la place ensanglantée. Dans les onze provinces de la Perse, la nouvelle de cette révolte se répandit, faisant bouillonner des ferments de haine contre les Européens. La répression fut rapide et rude; l'apaisement se fit. Mais peut-être à la surface.

Au fond, le Persan, justement jaloux de l'intégrité de son pays et de son indépendance, n'est pas rebelle au progrès; il regimbe contre les envahissements de la Russie et contre les menées de l'Angleterre. C'est bien naturel.

II

UN PEU DE CLIMATOLOGIE

II

Un peu de Climatologie

Un de nos grands défauts, c'est de voir les pays étrangers, exotiques, comme nous les appelons, plus loin que les nuages, presque aussi inaccessibles que les astres. L'éloignement semble un obstacle infranchissable, paralysant toute action directe, rendant impossibles toutes relations.

Napoléon Ier ne répondait-il pas aux avances de Feth-Ali-Chah, en 1804, que la Perse était une contrée trop éloignée pour que sa médiation put être efficace.

Nous avons encore ce défaut de croire la plupart de ces pays inhabitables pour le Français, qui ne saurait, si l'on en croyait toutes les légendes, s'acclimater dans des contrées où s'habituent à merveille, où vivent, robustes, bien portants et souvent fort vieux, des Anglais, des Allemands, des Russes, des Belges, etc., etc.

Aussi bien connaît-on fort peu chez nous la géographie de ce vaste et riche Etat, à peu près grand quatre fois comme la France.

Le climat de la Perse comporte de nombreuses gradations. Sec et chaud dans la région des cimes. Sur le golfe Persique et la mer des Indes, climat tout à fait tropical, où, sur certains points, la chaleur de l'été est aussi ardente que dans le centre de l'Afrique ; il est plus froid et non moins sec dans toute la superficie du plateau et humide sur le littoral de la Caspienne, dont la côte septentrionale, à partir de Derbent, acquiert le climat excessif de l'Asie septentrionale.

Une particularité très curieuse.

Dans le Midi de la France, on redoute le mistral, dans l'Ouest le vent du sud-ouest, le foehn épouvante le Suisse et le terrible simoun frappe d'effroi les caravanes arabes. Aucun de ces souffles épouvantables n'a cependant autant d'effets redoutables que le *samiel*, un vent qui souffle du désert et dont les ravages affectent surtout Khabis, près de Kerman, dans la partie méridionale ou Khorassan.

Aussitôt que ce courant d'air, presque *absolument* sec, atteint les organes respiratoires, l'homme ressent une angoisse douloureuse, le vertige s'empare de lui, il perd connaissance et la mort le prend dans un espace de temps très rapide, s'il n'est immédiatement soustrait à l'influence de ce souffle pestilentiel.

Quant aux phénomènes météorologiques, tels que trombes de poussière, brouillard sec, pluies qui, n'arrivant pas jusqu'à terre, se vaporisent dans l'air, nuages de poussière, etc., etc., ils sont assez fréquents.

Mais il résulte de ces variétés climatologiques, que si certaines parties de la Perse sont extrêmement arides, d'autres parties sont d'une fertilité tout-à-fait merveilleuse. Ainsi, par exemple, la zône septentrionale du Ghilan et du Mazenderan offre un spectacle magique. Le flanc des montagnes disparaît sous la luxuriante végétation des forêts de chênes, de hêtres, de châtaigniers et de platanes, enlacés à leur tour par des vignes gigantesques serpentant d'un arbre à un autre, tandis que sous leurs festons verdoyants, le jasmin, le prunier, le grenadier forment des bosquets souvent impénétrables.

Veut-on, pour finir, des exemples frappants des contrastes des climats et des différences que présente le développement de la nature organinique sur les deux bords de la même mer intérieure ?

Au nord, l'âne peut à peine supporter la rigueur du climat ; au sud, on rencontre très fréquemment le tigre royal, contre lequel les tribus exercent leur bravoure en des chasses héroïques.

Près d'Astrakan, c'est à peine si le raisin a le temps de murir ; dans le golfe d'Asterabad, sur la presqu'île de Potemkin, le palmier croît en plein champ et la culture du coton et de la canne à sucre réussissent à merveille.

Enfin, chaque année, tandis que tout fleurit déjà sur les côtes du Ghilan et du Mazenderan, les glaces enserrent encore la partie méridionale de la Caspienne.

III

LE SOL ET SES PRODUCTIONS

III

Le Sol et ses Productions

Si le manque de routes fut longtemps et est encore, hélas! une des causes de la stagnation du commerce persan, un système défectueux d'irrigation pourrait être aussi fatal à son trafic agricole qu'un système d'irrigation bien entendu et qui fut jadis pratiqué sur une si large échelle, doit lui être favorable. Du reste, disons tout de suite que le sol de la Perse est un des plus fertiles qui soient au monde, malgré la sécheresse du climat et la rareté des pluies. Ces conditions atmosphériques sont réellement de grands obstacles. Mais il faut voir quelle énergie le paysan Persan déploie contre eux en se livrant, sans arrêt, toute l'année, à des travaux d'irrigation.

Une chose prouvée, c'est que, en Perse, l'agriculture produit non seulement pour sa consommation, mais encore pour alimenter les besoins d'une exportation assez considérable.

On sait que ce pays est la patrie primitive de la figue, de la grenade, de la mûre, de l'amande, de l'abricot, de la pêche, de la prune. Cette patrie est toujours la terre bizarre et capricieuse où, au milieu de montagnes complètement nues, on rencontre des édens fertiles et isolés, où le froment croît encore à 3,000 mètres et l'oranger à 2,500 mètres, où les vergers alternent avec les bois de myrtes, avec les vignes et les dattiers, où les rosiers et les arbres fruitiers atteignent les proportions des arbres de haute futaie. Le désert intérieur n'est entouré que de ces paysages enchanteurs qui donnent comme un avant-goût des décors paradisiaques.

La seule énumération des produits du sol suffit à donner une idée des profits que peut tirer l'agriculture persane d'une exploitation bien entendue. On y trouve le lin, le chanvre, le tabac, le sésame, le coton, le safran, la térébenthine, le mastic, les gommes, la noix de Galles, les plantes tinctoriales et surtout des vignobles en abondance, dont les plus estimés sont ceux que l'on cultive au pied des montagnes s'étendant du golfe Persique à la mer Caspienne.

Les crûs les plus fameux sont ceux de l'Aderbaidjan, de l'Erivan (Haute-Arménie), du Ghilan, de l'Irak-Adjemi et du Farsistan.

Les vignobles des environs d'Ispahan donnent des vins assez semblables à ceux de Chiraz. On cite surtout un certain vin blanc que fabriquent les Arméniens habitant le faubourg des Juifs.

Les richesses sylvestres de la Perse sont également considérables. Les régions montagneuses de l'Aderbaidjan et du Kurdistan, de même que les côtes méridionales de la mer Caspienne rappellent la physionomie des régions alpestres et sont couvertes d'arbres forestiers et de pâturages.

Quelque peu intensive que puisse être à l'heure actuelle l'agriculture en Perse, les bénéfices qu'elle tire déjà de ses produits suffit à démontrer que sous l'impulsion d'une direction énergique et intelligente, les profits se décupleraient en un laps de temps relativement court, aussitôt que seront vaincus les deux obstacles que l'on commence à combattre : le manque de routes, le manque d'irrigation.

L'abondance des mûriers permet l'élève des vers à soie. Il y a un peu moins d'un quart de siècle, la Perse fournissait au commerce 20,000 balles de soie.

C'est par centaines de mille caisses qu'elle expédie des fruits secs aux Indes, en Russie et en Turquie ; ces Etats lui demandent encore du froment et du riz, plus de 100,000 balles de coton et 10,000 caisses d'opium.

Le tombeki, produit spécial du pays, est pour la Perse, l'objet d'un gros trafic et de sérieux rapport. Son exportation augmente chaque année. Cultivé spécialement dans les provinces de Chiraz, d'Ispahan et de Cachan, il alimente non seulement la consommation de toute la Perse, et elle est énorme, mais encore celle de l'Égypte, de la Turquie, etc., etc.

Parmi les produits de grand rapport, on doit classer l'indigo de Schuster, de Henné, de Yézi et de Kirman, dont la décoction de feuilles séchées et pulvérisées est employée dans tout l'Orient pour la teinture de la barbe, des cheveux et des mains. D'Orient, l'usage du Henné s'est répandu chez les occidentaux, surtout en Allemagne, en Autriche et en France. Combien de nos Parisiennes à la mode, doivent leur blondeur dorée à la plante persane, dont le trafic a pris, grâce au caprice féminin, un nouvel et fructueux essor.

Le chiffre annuel des ballots d'assa-fœtida, encore un produit spécial de la Perse, expédiés en Europe, s'énumère par dizaine de mille sacs.

Il en est de même pour la noix de Galles de Namadan et de Kurdistan.

Les forêts persanes sont presque aussi fournies en essences précieuses que les forêts du Nouveau Monde.

Celles de Mazanderan sont une inépuisable source de richesses. On y trouve en quantité tous les bois propres à la construction des navires. Leurs buis, très recherchés, sont en grande renommée chez les industriels européens. Une de nos célébrités de la gravure sur bois, me disait qu'il ne connaissait pas de buis supérieurs à ceux-là.

On y trouve encore en grande abondance : l'érable, le noyer, le poirier, les plus beaux bois d'ébénisterie et de marqueterie qui trouvent en Europe les débouchés les plus sûrs.

La rareté du bois dans toutes les autres régions des confins de la mer Caspienne font que ces forêts sont de véritables trésors d'un rapport incommensurable.

Autrefois, l'industrie de la canne à sucre était des plus brillantes en Perse, elle alimentait des milliers de fabriques de sucre, notamment à Ahrvaz, qui était le centre de cette fabrication. Vers le xe siècle, cette ville fut détruite, les plantations ravagées et anéanties. Il ne faudrait pas de bien grands efforts ni de trop lourds sacrifices pour rendre à cette industrie sa prospérité d'antan. A Mazanderan, on trouve partout la canne à sucre. Actuellement on fabrique, mais à Yézi seulement, un sucre blanc très mal raffiné. Ce sucre, très riche en principes sacchariféres, pourrait, surtout avec les moyens de raffinage perfectionné dont nous arme l'outillage moderne, aider à créer une nouvelle source de richesses ; pour peu que les capitaux français et l'initiative privée consentent à s'en mêler, je suis convaincu qu'une entreprise de cette espèce deviendrait rapidement florissante.

D'ailleurs, indépendamment de la canne à sucre, la betterave est très abondante en Perse, et donne, par la culture, des produits d'excellente qualité ; très douce, elle présente les meilleures conditions pour une parfaite fabrication de sucre supérieur qui ferait bénéficier le commerce persan de l'obstacle que l'industrie indigène opposerait à l'importation du sucre européen dont l'importance dépasse certainement le chiffre de cent mille caisses par an.

Comme nos paysans d'Europe, le paysan de la Perse, attaché à la routine de son « train-train » habituel, se contente de faire machinalement ce qu'il a vu faire à son père ; toute innovation lui est suspecte ; toute expérience lui paraît dangereuse. Si quelque chose peut triompher de cet attachement instinctif aux vieux usages, aux outils primitifs, aux antiques méthodes, aux travaux simples, rudimentaires, c'est la connaissance du rendement et des résultats pratiques obtenus par les nouveaux procédés.

Le paysan persan est intelligent, il raisonne juste, saisit vite et ne sera pas long à réformer son système, dès qu'il sera certain d'y trouver un intérêt positif.

Il faut qu'on l'instruise.

Il faut qu'on mette sous les yeux du cultivateur persan des exemples pratiques ; qu'on lui montre, par des expériences faites sur un champ assez vaste, ce que peut donner une culture faite en s'inspirant des conseils de la science.

Qu'on lui apprenne surtout à ne pas se méfier des maîtres venus de chez les autres peuples plus avancés dans le progrès ; qu'on lui apprenne que la science apportée par ces professeurs, cette science agricole, féconde collaboratrice de la nature, enrichit ceux qui savent l'employer judicieusement.

Que l'on multiplie les leçons et les exemples, sans oublier de l'aider à se créer des débouchés, et j'ai la plus entière certitude que voilà le moyen le plus simple et le plus efficace de répandre sûrement le progrès dans un des milieux où il semble le plus difficile de le faire pénétrer.

IV

LES ROUTES COMMERCIALES

IV

Des Routes Commerciales

La Perse a toujours été un pays essentiellement commercial ; mais depuis la moitié de ce siècle, ses relations avec l'Europe sont plus fréquentes. La Russie, l'Allemagne, l'Autriche-Hongrie, la France et la Turquie y ont des intérêts variant d'importance. L'enchaînement des visées politiques que j'ai signalées plus haut a fait que l'Angleterre et la Russie se sont placées à la tête de ce mouvement, dans lequel elles cherchent à se supplanter mutuellement. La première, malgré l'ancienneté de ses relations et malgré les avantages obtenus récemment par elle du gouvernement Persan, perd toujours du terrain dont la seconde s'empresse de bénéficier.

La Perse renferme aujourd'hui la partie occidentale du plateau Iranien ; elle est située entre les 44ᵉ et 63ᵉ degrés de longitude et entre les 25ᵉ et 40ᵉ degrés de latitude, c'est-à-dire dans la zône septentrionale tempérée. Sa superficie mesure 1,648,193 kilomètres, soit un peu plus de trois fois l'étendue de la France.

A l'est et au nord, les régions montagneuses la traversent, s'élevant jusqu'à 3,658 mètres au-dessus du niveau de la mer. Le pic de Demavend, près de Téhéran, à une hauteur de 3,630 mètres. Mais presque toutes les parties centrales et celles de l'est, ne forment qu'un grand désert salé. On a calculé que les déserts forment au moins les trois dixièmes du sol de la Perse. A l'exception du Karoun, on ne trouve pas de fleuve navigable, malgré la longueur considérable de quelques-uns et l'abondance de leurs eaux. Le Karoun, qui passe par Chousser et verse ses eaux dans le golfe Persique, a été ouvert il y a quelques années à la navigation de toutes les nations.

La Perse communique avec la Russie par les ports de la mer Caspienne et ses routes de caravane du Khorassan et de l'Aderbaidjan ;

avec l'Europe occidentale, par la route de caravane passant par Tauris et Bayazid aboutissant à Trébizonde. La route qui passe par Kamadan et Bagdad pour finir à Bassorah et au golfe Persique, relie la Perse à l'Europe et à l'Asie méridionale.

La route de Téhéran à Mohammeran la relie à l'Asie orientale et l'Europe.

Enfin, la route de Téhéran à Moched la met en rapport avec l'Afghanistan.

Voici, d'ailleurs, quelles sont les principales routes commerciales :

De Téhéran à Recht, distance de 320 kilomètres, les caravanes la parcourent en dix jours. De Recht, les marchandises restent un jour entier pour arriver à dos de bêtes de somme ou dans des fourgons à Perbazar, 10 kilomètres, et de là dans des chaloupes, en traversant le Mourdah, 15 kilomètres, à Enzell, port de la mer Caspienne.

De Téhéran à Tauris, 569 kilomètres ; seize à dix-huit jours de marche.

De Tauris à Astaro, port russe, au sud-ouest de la mer Caspienne, 286 kilomètres ; sept à neuf jours de caravane. Après Ardebil, la route est très mauvaise, traversant les forêts et les chaînes escarpées du Talish.

De Tauris à Djoulfa, frontière russe, 110 kilomètres; quatre jours de caravane.

De Tauris à Tiflis, 470 kilomètres.

De Tauris à Bayazid, frontière turque, 250 kilomètres; huit à dix jours de caravane.

De Tauris à Trébizonde, 900 kilomètres; trente à trente-cinq jours de caravane, pendant l'été.

De Téhéran à Bagdad, 821 kilomètres; trente-et-un jours de caravane.

De Bagdad à Bassorah, à bord des bateaux de la Compagnie Lynch; trois à quatre jours de traversée.

De Téhéran à Bassorah, même service maritime; de trente-cinq à trente-six jours.

Téhéran à Ispahan, 423 kilomètres; treize jours de caravane.

D'Ispahan à Bouchir, 788 kilomètres; vingt-quatre à vingt-huit jours de caravane.

D'Ispahan à Bender-Abbas, 1,181 à 1,219 kilomètres; trente-trois à trente-six jours de caravane.

D'Ispahan à Mohammeran, 974 kilomètres ; trente jours de caravane.

De Téhéran à Chesched, 898 kilomètres ; vingt-quatre jours de caravane.

De Chesched à Achkabad, chef-lieu de la province Transcaspienne, 260 kilomètres ; huit jours de caravane.

De Chesched à Hérat, 380 kilomètres ; dix jours de caravane.

En caravane, les voyageurs usent généralement, comme mode de transport, de chevaux, de chameaux, de mulets et d'ânes. Ceux qui ne voyagent pas en *Tchapar,* courrier changeant de monture à chaque relai de poste, peuvent user des *Tacht-iravan,* litières derrière et devant lesquelles des mules sont attelées, à moins qu'ils ne montent en *Kedjave,* sortes de cacolets portés sur des mules.

Les montures d'une caravane appartiennent à l'entrepreneur chargé de l'organiser et de la conduire, celui-ci est appelé le *Djélodar* et les muletiers qu'il a engagés et qui sont sous ses ordres sont nommés *Charvadan.*

Les seuls hôtels que l'on rencontre en route

sont ces grands bâtiments que dans tout l'Orient on désigne sous le nom de caravansérails.

Il n'y a encore que quelques kilomètres de voie ferrée dans toute la Perse. Le Gouvernement a concédé à une Compagnie Anglaise la construction d'une chaussée de Téhéran à Ahvaz.

D'ailleurs, sous l'influence de Sir Henry Wolff, lorsqu'il prit la direction de la légation d'Angleterre à Téhéran, de nombreuses concessions furent accordées par le Gouvernement Persan et, en tête des plus utiles pour le pays, on peut placer la construction de routes commerciales et de voies de communication pour relier la province avec la mer.

C'est ce qui ressort d'un rapport adressé au Foreign-Office par le général E. Gordon, secrétaire de la légation anglaise.

Le général entreprit une grande tournée pour examiner l'état actuel des voies de communication par rapport aux besoins des populations, des voyageurs et du commerce. Il fit ainsi plus de mille kilomètres, traversant la Perse, vers le sud-ouest en allant de Téhéran jusqu'à Mohammeran à l'extrémité nord du golfe Persique.

Les gouverneurs de Khoumabad et de

Chouster, assurèrent au général que leurs administrés n'étaient pas hostiles à la création de routes dont ils comprennent l'utilité; reste à savoir quelle est l'importance des districts traversés, quelles ressources ils offrent aux routes à créer et les chances de succès comme entreprise commerciale.

C'est là un point important. Une amélioration de bon augure s'est déjà produite dans les districts à desservir. C'est l'établissement à demeure fixe de quelques tribus nomades, autrefois si turbulentes, pour ne pas dire plus ; celles de Louristan, entre autres, paraissent avoir abandonné leurs habitudes de brigandages et les actes de violence qui entravaient le libre transit sur la route des caravanes.

Ces tribus sont devenues maintenant pour ainsi dire les gardiennes semi-officielles de la route des montagnes qui traverse leur territoire.

Dans la province voisine d'Arabistan, les idées et les capitaux européens ont amené des améliorations encore plus importantes.

Ainsi, l'ouverture à la navigation du fleuve Karoun à causé une véritable évolution sociale.

Les arabes ne dépendent plus de la maigre

pitance que leur servaient les Cheiks — dont ils étaient de fait les esclaves ; — ils sont, à présent, régulièrement employés et la paie — relativement élevée — de 80 centimes par jour, qui met le paysan économe à même de devenir, avec le temps, un petit fermier qui pourra cultiver les terrains incultes du Domaine, avec grand avantage pour lui-même et pour le pays.

La construction de la route en question n'eut-elle déjà que cet avantage, ce serait un immense bienfait public. Mais elle servira, avant-tout, à favoriser les opérations commerciales en ouvrant une voie de communication avec l'Etranger.

C'est ce qui ressort, d'ores et déjà, de la quantité toujours croissante d'affaires qui se font aujourd'hui grâce à la navigation du Karoun. On exporte maintenant en grande quantité les dattes, le blé, le coton, la graine de lin et la laine, et l'on importe les objets manufacturés de toute espèce.

Cette magnifique voie fluviale est parfaitement entretenue depuis Mohamreh jusqu'à cinq kilomètres de Chouster, c'est-à-dire sur une distance de 280 kilomètres sur le fleuve : le commerce y a pris des proportions telles qu'à mi-chemin entre ces deux localités, en face d'Ahvaz, un centre important de population s'est déjà formé, dont la prospérité va chaque jour en augmentant.

Inutile d'ajouter que l'initiative de cette œuvre est due à l'énergie des européens.

Mais c'est avec la plus vive satisfaction que l'on doit reconnaître que le peuple Persan contribue pour une large part au développement de la prospérité de sa patrie.

Le Muyen-ut-Tudjar de Béchir est l'initiateur d'une société indigène portant le titre suivant : « Société Nasiris pour la construction des navires « à vapeur, docks, tramways, etc. » C'est là un indice d'une tendance réelle, sérieuse vers un progrès dont la Perse tirera les plus grands avantages.

La mouche à vapeur appartenant au seul navire de guerre que la Perse possède, navigue à présent dans la partie haute du fleuve, de même que celle du Gouverneur de Mohamreh.

L'avenir du commerce Persan intéresse l'Europe en général. La création de routes commodes et sûres serait une grande nouvelle pour le Monde : l'Orient et l'Occident s'en réjouiraient et la Perse retrouverait rapidement un peu de sa prépondérance disparue et de son antique splendeur.

V

LA POSTE

V

La Poste

QUELQUES lignes sur la Poste, en ce pays où les communications étaient naguère encore pour ainsi dire impossibles, sont comme le *post-scriptum* naturel du chapitre consacré aux routes commerciales.

Depuis une vingtaine d'années, la Perse possédait un service postal régulier dont l'innovation était due au Chah Nassr-ed-Din, à qui les Persans doivent déjà tant d'utiles créations.

Avant lui, il existait un service assez primitif.

Le Directeur général des Postes était en même temps commandant en chef de la Garde. Deux fois par mois, des courriers partaient de Téhéran dans diverses directions. Mais les postillons étaient piteux et les chevaux lamentables, les entrepreneurs de relais ayant naturellement plus de souci de leurs propres intérêts que de ceux du service.

En 1874, le Souverain persan chargea le conseiller autrichien Riderer de l'organisation de l'administration des Postes. Au mois d'août de l'année suivante, Riderer avait organisé déjà les premières communications postales régulières entre Téhéran et le bourg de Shemiraw, résidence d'été du Chah, située à proximité du champ de manœuvre de Sultanabad.

Un postillon, en uniforme rouge et vert, chaussé de grandes bottes, muni d'un cor et d'un portefeuille, partait à la nuit tombante pour la résidence du Chah, à une lieue de la ville à peu près ; de là, il faisait une tournée de trois milles ; le lendemain, il était de retour à Téhéran.

En route, il remettait les lettres, il en recevait et il vendait des timbres-poste.

Ces timbres, confectionnés d'abord dans le pays, furent fabriqués plus tard à Vienne, ainsi que les enveloppes timbrées. Avant la vulgarisation de celles-ci, les Persans avaient l'originale coutume de fermer leurs lettres en rouleaux qu'ils attachaient au moyen d'un ruban de couleur et ils les remettaient ainsi fermées au postillon.

C'est également à Riderer que l'on doit l'introduction en Perse du transport des valeurs par le service des postes.

La poste persane trouva un grand appui et de précieuses ressources dans les « Bazars », ces marchés colossaux qui parfois jouent un si grand rôle dans la vie commerciale en Orient.

Moins de deux ans après l'installation du service postal entre Téhéran et Shemiraw, on ouvrit le relais entre Téhéran et Tébris.

On créa sur cette ligne, d'une longueur de 600 verstes environ, deux stations intermédiaires qui la partagèrent en quatre sections, lesquelles étaient parcourues en 80 heures. De la même ligne part un relai vers Recht-Enseli, sur la mer Caspienne.

La Perse fait partie, depuis 1877, de l'Union postale universelle et, depuis 1891, les journaux étrangers et les imprimés peuvent être transportés par la poste.

Pour les dimensions et l'enveloppe, il n'existe pas jusqu'ici de règlement spécial.

VI

COMMERCE — INDUSTRIE

Ce qu'il y aurait à faire

VI

Commerce et Industrie

CE QU'IL Y AURAIT A FAIRE

Bien que l'étude de la géographie de la Perse soit fort utile à connaître et que les Russes et les Anglais la possèdent à merveille, elle est peu répandue en France. Les Allemands et même les Belges commencent à s'occuper de ce pays, certainement appelé, sous l'impulsion que lui donne S. M. le Chah, à devenir, dans un avenir plus prochain qu'on ne le suppose, le passage du commerce asiatique et européen et aussi l'un des centres les plus florissants du trafic asiatique.

La seule énumération de la population des

treize principales cités de la Perse démontre que les éléments ne manquent pas pour asseoir le commerce de vente, d'échanges et d'exploitation sur des bases sérieuses.

Téhéran, la capitale, possède 270,000 habitants; Tauris, 180,000; Ispahan, 90,000; Merched, 70,000; Kerman, 45,000; Recht, 41,000; Kasbin, 40,000; Tend, 40,000; Hamadan, 35,000; Kermachan, 32,000; Chiraz, 32,000; Dizfoul, 30,000; Kachan, 30,000.

Les richesses minérales de la Perse sont nombreuses et variées. Le jour où l'industrie européenne voudra bien s'en donner la peine, elle trouvera là un champ d'exploitation presque sans second : l'or, l'argent, le cuivre, le jaspe, le marbre y abondent aussi bien que le souffre et le salpêtre.

Le naphte, le pétrole, le bitume n'y sont pas moins abondants et peuvent constituer une source d'énormes profits. Tout récemment, M. le professeur Félix Alglave a publié, dans la « Bibliothèque Scientifique », un ouvrage dans lequel il prédit aux pétroles, aux asphaltes et aux bitumes des pays orientaux, un avenir magnifique.

La substance la plus répandue en Perse est

le sel. La terre en est tellement imprégnée, en certains endroits, qu'elle ne peut produire que de la soude ou des plantes salines.

La Perse possède des houillères assez nombreuses et des carrières d'onyx et d'agate, quelques-unes exploitées.

On y rencontre la turquoise; on dit même l'émeraude, la topaze et le diamant. En tout cas, on ne peut contester que la Perse est le pays par excellence des pierres fines. Les pêcheries de perles et le commerce des coquilles de nacre produisaient il y a cinq ou six ans 393,000 livres sterling.

Les pêcheries d'huîtres perlières du sud et du golfe Persique ont une grande renommée. Une société Russe s'est assuré la location de la pêcherie du poisson dans la mer Caspienne, moyennant 700,000 francs par an.

Ce sont là des documents, des renseignements précieux à retenir, car dans ces indications tout est précis et démontre une fois de plus que nous n'avons qu'à nous en prendre à nous-même, à nous français, de laisser constamment les étrangers accaparer, dans les pays asiatiques, les importantes transactions commerciales et les nombreuses créations industrielles qui ne peuvent que fructifier en des contrées pour ainsi dire naissantes à la civilisation.

Je ne sais pas d'enseignement meilleur, de conseils plus judicieux que ceux qui ont été adressés de Téhéran par M. Boital, le correspondant d'un de nos grands journaux parisiens. M. Boital est d'autant mieux placé pour étudier la grande question du commerce franco-persan, qu'il réside dans le pays depuis longtemps, qu'il l'a parcouru, étudié, s'est rendu compte de tout ce qu'il y avait à faire.

Le commerce d'importation en Perse s'élève annuellement à environ une centaine de millions; les exportations ne dépassent pas 80,000,000 de francs. M. Boital a trouvé les causes de cette différence entre l'importation et l'exportation. D'abord cet obstacle terrible du manque de routes ou de leur mauvais état ; puis l'espèce d'apathie des Persans qui les porte à peu se soucier des expéditions à l'Etranger ; ensuite, le défaut presque absolu d'encouragement à l'agriculture, et enfin la défiance instinctive des financiers et des commerçants européens lorsqu'il s'agit d'opérations commerciales ou industrielles avec les pays orientaux.

Mais ce ne sont point là, Dieu merci, des obstacles insurmontables et il est à remarquer que depuis quelques années, en France surtout, un heureux revirement semble s'opérer. Nous paraissons nous laisser gagner par l'exemple des Russes et des Anglais et nos capitaux sont plus volontiers disposés à s'employer à des entreprises lointaines.

Certes, il serait cent fois préférable de voir l'argent français féconder des tentatives commerciales dans un pays tout d'avenir comme la Perse, au lieu d'aller se jeter stupidement au gouffre de la spéculation des mines d'or dans la lune.

Le mouvement des marchandises, à l'importation, en Perse, peut créer à nos industries nationales de larges débouchés. La liste des principaux objets qui seraient là-bas d'une vente certaine est utile à connaître :

Les soiries de Lyon, les damas, damas des Indes, les brocatelles, les lamés or et argent ;

Les mousselines de Tarare, unies et lamées, les mousselines brodées et les dentelles ;

Les calicots, les cretonnes, les indiennes de Rouen pour rideaux et ameublements ;

Les étoffes pour ameublements de Tourcoing et de Roubaix ;

Les draps d'Elbeuf, de Sedan et de Vienne en Dauphiné ;

Les sucres, dont j'ai déjà eu l'occasion de parler.

On connait la véritable passion des orientaux pour les confiseries, sucreries et douceurs de toutes sortes. A Téhéran, à Ispahan, dans les grandes villes, il n'est pas rare, en certaines festivités, de voir jeter à la foule des bonbons, des sucreries de toutes sortes.

La consommation du sucre s'élève à plus de un million de kilogrammes par an, pour les seuls sucres français qui, il n'y a pas si longtemps, étaient les seuls connus en Perse ; mais depuis que la Russie, pour protéger ses industriels, a élevé entre nous et la Perse une muraille de la Chine, en fermant aux marchandises le transit par le Caucase, les fabricants russes, malgré la qualité bien inférieure de leurs produits, fournissent la plus grande partie de la consommation.

Il est vrai que nous avons la consolation de savoir que les sucres français sont plus appréciés ; mais c'est là une fiche bien platonique.

Les vins de Bordeaux, de Champagne, les rhums, cognacs, liqueurs, notamment la *Bénédictine de l'Abbaye de Fécamp,* appelée avec juste raison, par Alexandre Dumas père, la reine des liqueurs, sont aussi d'excellents placements et motivent un gros chiffre d'affaires.

En Perse, les produits alimentaires de France, cette terre natale de la gastronomie, sont très recherchés ; on les préfère ouvertement aux produits anglais et russes.

Il en est de même pour les bougies françaises qui, malgré leur prix légèrement plus élevé que ceux des produits étrangers similaires, sont recherchées de préférence.

Cependant elles ont à lutter contre la concurrence des bougies de fabrication russe qui les ont peu à peu supplantées, alors que, il y a quelques années, nos marques françaises régnaient sans partage.

Signalons toujours à l'importation, les drogueries et produits pharmaceutiques qui viennent de France et d'Angleterre.

Les importations de ce genre de produits venant d'Allemagne sont très restreints.

Les clous, les tôles, sont fournis de préférence par la Russie, de même que les fers en barres, les pointes de Paris, la serrurerie et la quincaillerie françaises, beaucoup plus soignés que les produits russes et anglais, sont surtout recherchés à Téhéran.

Les meubles, la bijouterie, l'horlogerie, les articles de Paris, les papiers peints français ont également une grande vogue et distancent facilement leurs concurrents étrangers.

Les articles de mercerie, la chaussure, les fournitures pour tailleurs, les laines de couleur pour tapisserie et pour broderie, la sellerie, la carrosserie, la parfumerie, la porcelaine, la verrerie, la vitrerie, le linge de table, la librairie, la papeterie, la confiserie, sont généralement de provenance française.

La France et l'Angleterre se disputent la fourniture des armes de luxe. Cette dernière a eu un moment de vogue et a profité de l'engouement qu'elle avait fait naître. Les réelles qualités des armes françaises, leur précision, leur fini, leur légèreté, la modicité même de leurs prix, ont ramené vers elles, depuis quelque temps, l'attention des acheteurs qui se rendent un compte exact de leur supériorité.

Telle est à peu près complète la désignation des articles de consommation courante en Perse. Malgré certains empêchements causés par des rivalités commerciales favorisées par des conditions économiques et une situation géographique toutes spéciales, nos produits jouissent d'une grande faveur dans le public persan et entre pour une large part dans le chiffre des importations.

Cette part pourrait devenir plus considérable encore et il n'est pas bien difficile d'y arriver sûrement et rapidement.

Nous n'avons tout simplement qu'à suivre l'exemple des Allemands et des Belges.

Ayons, comme eux, à Téhéran, un représentant sérieux, honnête et capable, envoyé là spécialement par les fabricants français, entendus entr'eux, pour combattre la concurrence étrangère.

La victoire ne ferait pas l'ombre d'un doute. L'agent leur passerait les ordres des négociants indigènes et il veillerait aux intérêts de ses commettants. Les marchandises arrivant à destination, se trouveraient alors dégrevées de tous ces frais de commission et d'intérêt qui, dès le départ, sont onéreux pour toute opération commerciale, de quelque importance qu'elle soit, au détriment de ceux qui la font.

Cette agence supprimerait encore, avantage à considérer, les maisons intermédiaires de Constantinople, qui écoulent sur les marchés de Téhéran des marchandises d'Europe qu'elles tiennent de deuxième et même de troisième mains ce qui surcharge le consommateur de droits énormes.

Encore un renseignement à noter :

Les expéditions se font par les voies suivantes :

Marseille-Trébizonde. Les frais sont un peu plus élevés par cette voie ; mais elle a du moins l'avantage d'offrir plus de régularité ;

Marseille-Bouchir, pour les colis de petit volume ou peu encombrants ;

Marseille-Bagdad, pour les colis de gros volume, tels que : voitures, pianos, etc., etc.

Et enfin Marseille-Mohammeran-Téhéran, qui est, au dire de M. Fabius Boital et de tous ceux connaissant comme lui les tenants et les aboutissants du commerce franco-persan, la vraie route commerciale de la Perse, celle de l'avenir. Le commerce et le gouvernement seraient fort intéressés à l'organisation d'un service régulier de transports entre Mohammeran et Téhéran, organisation qui n'offre pas de telles difficultés qu'on ne puisse promptement la mener à bien. Cette voie donnerait une nouvelle extension aux transactions et faciliterait le trafic en créant aux produits de ces contrées des débouchés nouveaux; elle permettrait, en outre, de réduire considérablement le prix des transports et assurerait plus de sécurité et de rapidité.

Ce sont là des questions qui sont d'un gros intérêt déjà pour le commerce français et d'un intérêt vital pour la Perse.

Par son étrange apathie, le gouvernement persan semble n'attacher aucune espèce d'importance au mouvement des importations, ce critérium de la fortune publique dans tous les états. Pourtant, la Perse aurait des débouchés assurés pour les immenses richesses dont la nature l'a gratifiée, si elle était pourvue de la base aujourd'hui indispensable des échanges entre nations, d'un réseau de chemins de fer. Le jour où elle aura accompli ce réel progrès, l'Europe, les Indes, l'Extrême-Orient absorberont ses produits et lui enverront les leurs. Alors, seulement, on verra se produire en sa faveur le grand mouvement de capitaux et de hardies initiatives industrielles qui ont été les véritables rédempteurs de la Turquie.

L'Empire Ottoman doit le relèvement de ses finances, la résurrection de sa prospérité, à la création de ses voies ferrées pour lesquelles il s'est imposé tant de lourds sacrifices. La Russie elle-même, il y a trente ans, ne possédait que la ligne de Saint-Pétersbourg à Moscou et celle de Saint-Pétersbourg à Varsovie et à la frontière allemande.

Le gouvernement moscovite a compris l'indispensabilité d'un vaste réseau de voies ferrées et a réalisé sa construction, si bien qu'aujourd'hui la Russie qui, à cette époque, était dans la nécessité de s'approvisionner de tout en Europe, a pu s'affranchir de ce tribut payé à l'industrie étrangère et est arrivée actuellement à suffire presque totalement à ses besoins.

Si l'on étudie scrupuleusement le cadre indiqué par M. Fabius Boital, on voit de quelle importance il est pour les intérêts persans.

La Perse, avec une ligne de chemin de fer aboutissant au golfe Persique, serait alors en communication directe avec l'Europe et ne serait plus tributaire de la Russie ni de la Turquie, comme elle l'est actuellement pour toutes les marchandises qui passent sur leur territoire. Dès lors, le commerce persan étant affranchi des droits de transit et de douane qu'il paie à ces deux états, deviendrait plus florissant et plus prospère, et l'économie qui en résulterait profiterait à la masse des consommateurs.

D'un autre côté, cette ligne traversant des contrées extrêmement fertiles, qui firent jadis la richesse et la splendeur de la Perse, acquerrerait aussitôt une importance commerciale, industrielle et politique dont elle ne tarderait pas à recueillir les avantages. Elle développerait l'agriculture, en lui ouvrant des débouchés avantageux; avec elle, on verrait renaître la culture, aujourd'hui si délaissée, de l'indigo, du café, de la canne à sucre, du coton, du tabac, etc., etc., et le bien-être ne tarderait pas à succéder à l'état précaire qui pèse actuellement sur les populations laborieuses de ces contrées.

Il n'est pas besoin d'être un grand philosophe ou un profond économiste pour reconnaître qu'en ces quelques lignes de M. Boital tient le programme entier de l'avenir commercial de la Perse.

Le salut est là.

Evidemment, si les chemins de fer sillonnaient le territoire, semant la richesse et le bien-être sur leur route, les persans secoueraient leur torpeur et retrouveraient bien vite la vieille activité qui fit leurs ancêtres si puissants et si somptueux. Ils consulteraient alors avec moins d'indifférence le tableau de leurs exportations et tout en encaissant l'argent que leur rapporteraient leurs négociations, ils penseraient avec un juste orgueil que les produits de leurs industries sont utilisés, appréciés, admis aux quatre coins du monde.

Pour le moment, les chiffres sont encore modestes ; mais ils laissent entrevoir ce que l'on peut escompter pour l'avenir quand les progrès désirés seront accomplis.

D'une statistique publiée tout récemment, il résulte que les exportations pour 1892 se sont réparties ainsi :

Opium 661,000 livres sterling; perles et coquilles de nacre 332,000 livres; coton 122,000 livres; tabac 105,000 livres; fruits et plantes 103,000 livres; céréales et légumes féculents 52,000 livres; laines 49,000 livres; dattes 27,000 livres; lainages et tapis 27,000 livres; vivres 22,000 livres; drogues 18,000 livres sterling. La part proportionnelle de ces articles se classe comme suit :

Objets d'alimentation. .	61.6 o/o
Matières premières . .	31.3 o/o
Objets fabriqués . . .	7,1 o/o

Cette dernière désignation est significative, n'est-ce pas ?

Nous avons indiqué les articles trouvant dans le pays un écoulement facile. Voici, à présent, les produits que l'on pourrait exporter de Perse :

Le coton, que la Russie absorbe en ce moment par grosses quantités.

La laine, surtout celle de toute première qualité, que fournissent les provinces de Khorassan, de Kurdistan et surtout celle de Kirman. Rappelons que dans cette province, sous Louis XV, la France avait ouvert un comptoir spécial à cet article de production. Eh bien! sous la troisième République, nous aimerions voir le gouvernement français prendre l'initiative d'une fondation semblable. C'est aussi utile et plus profitable qu'un lycée de jeunes filles.

A exporter aussi :

Les soies des provinces du Ghilan, du Mazenderan, du Khorassan ; ces soies s'exportent en Russie, en France et en Angleterre.

L'opium, dont il se fait un très grand commerce et dont le trafic dépasse, dit-on, le chiffre de 15 millions de francs.

Le blé, que le jour où elle possédera un chemin de fer lui permettant le transport de ses céréales, la Perse pourra exporter en quantités énormes, en Europe et aux colonies.

Ce serait là une immense ressource pour le Trésor et la fortune publique ne tarderait pas à augmenter.

L'orge, le sésame, le ricin, le tabac, la noix

de Galles, les gommes et quantités d'autres produits utilisés en pharmacie seraient d'un placement certain, n'ayant qu'à paraitre pour être accaparés.

La vigne donnera également, plus tard, de très grosses richesses à ceux qui s'adonneront à sa culture, perfectionnée bien entendu, et non rudimentaire comme elle est pratiquée.

Les vignes persanes produisent des raisins abondants et exquis, de qualité absolument supérieure. Quelques soins donnés à sa culture et l'on aura des récoltes décuples de ce qu'elles sont actuellement. La viticulture aidant, et les moyens de transport aussi, les vins de Hamadan, de Chiraz seront vite classés en France parmi les vins les plus réputés et prendront place dans les caves les plus difficiles; ces vins alimenteront également l'Extrême-Orient où la consommation est considérable.

Une des industries principales du Kurdistan, c'est l'élevage des chevaux et des mulets. L'Angleterre y fait sa remonte pour les Indes.

La France pourrait tout aussi bien y faire la sienne pour ses colonies.

J'ai dit combien étaient grandes les richesses minérales de la Perse, en houille, fer, cuivre, plomb, etc. La houille est consommée dans le pays ; mais les minerais fournissent un fer très doux, très malléable, qui, une fois travaillé, trouverait, grâce à sa supériorité reconnue, de bons débouchés dans la Russie méridionale, au Caucase, à Astrakan, aux environs de Téhéran, dans le Mazendéran, au Khorassan, dans la Transcaspienne. Ces pays sont encore actuellement tributaires de la Russie et de l'Angleterre. Or, la production beaucoup plus économique qu'en Russie, de ce fer excellent, accaparerait vivement tous les marchés. Seulement, c'est toujours la même chose : le succès de cette industrie, l'expansion de ses produits sont toujours subordonnés à la création de chemins de fer qui facilitent l'écoulement en réduisant les frais de transport.

Ce ne sont pas les éléments de prospérité qui font défaut en Perse. Jamais la Perse antique n'a été mieux armée ni pourvue de moyens plus puissants pour arriver à une réelle grandeur commerciale. Seulement, l'heure n'est plus aux tâtonnements. Interrogez les négociants persans ;

interrogez le Chahinchah lui-même ; tous désirent avoir leur chemin de fer.

Alors, pourquoi tant d'hésitation, quand il s'agit du relèvement de la Perse ? Ce relèvement ne sera réel que le jour où l'on aura résolu définitivement la question si intéressante du chemin de fer de la Caspienne à Téhéran et au golfe Persique.

Encore une fois : là est le salut.

La lutte que l'industrie persane est obligée de soutenir, à armes inégales, hélas ! il faut le dire, contre les produits similaires des peuples plus favorisés sous le rapport du perfectionnement du mécanisme et de l'outillage, est considérable. Ajoutez encore aux progrès réalisés par ses rivaux, la situation que lui créent vis-à-vis d'eux, les traités de commerce en vigueur depuis une soixantaine d'années.

Que de changements depuis cette époque et quelles modifications se sont succédées dans le régime économique de la Perse, aussi bien que dans les habitudes du peuple persan.

En ces temps éloignés déjà, les importations étrangères se réduisaient à quelques articles de première nécessité, tandis qu'aujourd'hui, quelque rebelles que se montrent les partisans du vieil état de choses, les goûts se sont modifiés ; la population éprouve une réelle inclination pour la somptuosité, pour le luxe et la nouveauté.

Il en résulte que les marchés persans sont inondés d'articles de toutes sortes dont le nombre va augmentant de jour en jour et dont le trafic est d'autant plus facile qu'en Perse, les taxes douanières sont d'une grande modicité.

Elles consistent simplement en un droit de 5 o/o *ad valorem* sur les marchandises importées dans le pays par des sujets étrangers ; quant aux sujets de l'Iran, le gouvernement, dans le but de les favoriser, frappe d'un droit illusoire les produits européens introduits par eux.

En Perse, l'industrie jouit d'une liberté absolue et n'est paralysée par aucune entrave. Chacun a le droit d'exercer le métier qui lui plaît, d'ouvrir tel atelier, tel magasin, de monter telle fabrique. L'émulation créée par cette utile concurrence donne des résultats efficaces : elle oblige les industriels à produire des objets d'un travail plus soigné, plus fini, souvent très remarquable, dont les beautés sont d'ailleurs très appréciées en Europe. Quelques-uns de ces produits de l'industrie persane ont acquis une réputation universelle et ne sauraient être égalés : tels sont les tapis, les châles, les brocarts, etc., qui font l'admiration du monde entier.

Les tapis se fabriquent dans différentes parties de la Perse : dans le Korassan et le Kurdistan, à Ferrahan et à Chiraz ; les plus fins se font à Kirman et toujours à la main.

Ce mode de fabrication, où l'artisan devient réellement un artiste, fait la supériorité indéniable de ces tapisseries que l'on à tant cherché à imiter sans pouvoir jamais y arriver.

En Perse, l'industrie des tapis possède depuis des siècles des foyers nombreux de production : dans chaque foyer on rencontre un art local tout particulier. Chaque sorte de tapis appartient exclusivement à un milieu géographique différent ; chaque unité à son caractère propre, comme aussi chaque contrée son originalité initiale, ses qualités spéciales, qui sont pour ainsi dire sa marque de fabrique ; mais tous leurs produits sont d'une finesse, d'une beauté et souvent d'une richesse qui les placent au premier rang.

Malgré leur finesse, ils ont une grande durée et gagnent à l'usage en lustre et en souplesse.

Entre tous les tapis d'Orient, ce sont les tapis de Perse qui remportent la palme pour l'originalité, l'ample symétrie et la variété du dessin, la délicatesse des nuances, l'éclat du coloris, le goût dans l'ensemble. Qu'on se rappelle du reste l'impression produite par les splendides tentures du pavillon de la Perse à l'Exposition universelle de 1889.

Les châles de Kirman rivalisent avantageusement avec ceux de l'Inde et de Cachemire. Il ne leur cèdent rien en beauté et coûtent beaucoup moins cher. Ici, on doit accorder un juste éloge aux fabricants persans, qui, se rendant compte du nouvel état social et des âpretés de la concurrence commerciale, sont arrivés à fabriquer des châles à prix réduits, sans rien diminuer de leur beauté. Leur renommée s'en est accrue et le chiffre de leurs exportations a presque doublé.

Les beaux tissus de Berek et de Patora possèdent une souplesse sans pareille, venant de la finesse de la laine dont ils sont faits et qui est traitée d'une façon particulière.

Les soieries de Tzed, ces soieries fameuses, les Charbinfi, les Kuneviz, les Alidjé, les Mehmer, avec celles de Kirman, de Kachan et de Korassan sont d'une incomparable beauté. Les toiles de Mazandaran, les cotonnades imprimées de Shahan, désignées sous le nom de Kalemkar et les étoffes diverses de Chiraz, Bouroujird, etc., sont également des produits à citer et donnant lieu à un commerce important et très prospère, qui répand l'aisance dans tous les centres de fabrication.

Ici, une remarque utile : les quelques soieries importées en Perse sont presque toutes de provenance française.

L'art de la broderie était autrefois, dans l'Iran, une des industries les plus riches et les plus considérées. Elle est quelque peu déchue de son antique prospérité ; néanmoins, malgré que la somptuosité du costume se soit singulièrement amoindrie au simplicisme des modes modernes, la broderie emploie encore une certaine quantité de fils et de galons d'or et les brodeurs font toujours preuve d'imagination et d'habileté. Du reste, la somme insignifiante portée au tableau des importations et représentant la valeur des fils d'or importés par les ports du golfe Persique ne peut guère se rapporter qu'aux villes du littoral.

Celles du centre et du nord s'approvisionnent de préférence à Moscou, qui produit des fils d'or d'une qualité supérieure, très appréciée, non-seulement en Perse, mais encore dans l'Inde. Les qualités inférieures, appelées bien improprement fils d'or ne résistent pas au climat excessivement humide du golfe. Elles arrivent en partie détériorées par le voyage, et sous l'action de l'humidité de l'air elles deviennent ternes et perdent rapidement leur éclat.

Sans rechercher les motifs multiples, dit-on, de l'abandon et de la décadence de la culture des vers à soie en Perse, je me bornerai à constater que la production subit, d'année en année, une sensible diminution qui prend des proportions de plus en plus grandes.

Kachan et Yezd sont les deux principaux centres séricicoles du sud de la Perse. Les deux tiers de la production trouvent leur emploi sur place ; le reste trouve son débouché dans l'Inde.

L'industrie des armes blanches, de la quincaillerie et de la coutellerie font l'apanage d'Ispahan. Ce qui ajoute surtout à la gloire des arts industriels en Perse, ce sont ces incomparables mosaïques « Khatem » et les admirables ouvrages en acier damasquiné de Chiraz et d'Ispahan auxquels les modernes artisans ont su conserver l'élégance et les formes de l'ancienne fabrication.

Disons, pour terminer ce chapitre, que le jour où le grand moyen de transport sera créé, nous verrons à Paris les splendeurs de l'art industriel persan lutter avantageusement avec les beautés de l'art industriel ottoman.

VII

LES PERSANS

Peuple — Religion — Armée

VII

Les Persans

PEUPLE — RELIGION — ARMÉE

Aucune race ne s'assimile notre civilisation plus promptement et plus parfaitement que les Orientaux. Aucune n'en pénètre plus profondément les arcanes, n'en saisit plus vivement les progrès et ne s'en approprie mieux les bienfaits.

Nous voyons ce qu'un demi-siècle a apporté d'amélioration dans l'empire Ottoman et nous restons plus stupéfaits encore de la foudroyante progression des Japonais. Est-ce à dire que ces peuples soient mieux doués que le peuple persan ? Pas du tout. Seulement la situation géographique de la Perse et surtout la difficulté que l'on éprouvait à pénétrer jusqu'à ses grands centres, sinon jusqu'à sa capitale, avaient nui à l'expansion de ses relations avec la vieille Europe. La Perse est venue à elle en la personne de S. M. Nassr-ed-Din, et de son côté l'Europe est disposée à aller vers la Perse, qui offre d'inépuisables ressources à l'activité humaine.

La population persane est surtout formée de trois grands groupes ethniques qui se sont mêlés sans se confondre et dont chacun possède des qualités très-personnelles et bien distinctes : Le groupe sémite, juifs et arabes, est à présent le moins important, il s'est laissé en grande partie absorber ; le groupe aryen, comprenant les Parsis qui se subdivisent eux-mêmes en deux fractions, qui sont les Kurdes, montagnards des régions de l'Ouest, et les Tadjiks.

Il y a une sensible différence entre ces deux types d'aryens. Le Kurde est l'Aryen primitif, de puissante stature, dont les traits fortement accentués sont empreints de noblesse ; son intelligence est vive, mais ils est turbulent et indiscipliné.

Le Tadjik est le plus pur de la race persane ; répandu sur toute la surface de l'Iran, il parle la langue persane et compose l'élite de la nation. Son esprit est prompt et son humeur frondeuse ; il possède toutes les aptitudes à une culture intellectuelle très développée : les lettrés, les artistes, les fonctionnaires sont généralement des Tadjiks. Leur type est d'ailleurs sympathique. Comme les Kurdes, ils sont de taille élevée, mais de manières plus gracieuses et moins rudes. On reconnaît en eux les signes distinctifs de la race Caucasique ; leurs yeux noirs ardents flambent comme des braises sous leurs sourcils larges, sombres et arqués et leur visage est encadré d'une barbe épaisse.

Les Turcomans, Turkis ou Ilats, comme les appellent les Tadjiks, constituent la partie nomade, vivant sous la tente, robuste, tenace, violente et belliqueuse. La marche lente, mais sûre de la civilisation est un frein à l'esprit batailleur de ces hordes ; quelques-unes déjà ont renoncé à leur vie errante, pour se fixer en de certaines régions qui leur convenaient, qu'elles ont adoptées, dont elles défrichent sans doute le sol et qui sont appelées à devenir, dans l'avenir, des centres commerciaux. Le fait est commun dans l'histoire et l'on peut citer mainte grande métropole qui n'était à sa fondation qu'un simple campement de tribus barbares.

C'est de cette dernière race, à l'esprit conquérant et dominateur, que sont sorties la plupart des dynasties ayant gouverné la Perse, y compris celle des Kadjars, actuellement régnante.

Les Persans, Tadjiks ou Turkis, sont presque tous des serviteurs de l'Islam. Mais combien ils se différencient des Turcs !

Le Persan est laborieux, actif, prévoyant, et vous le voyez courir par les rues d'une démarche plus alerte que l'Osmanli, qui chemine gravement. Il a le génie du commerce et l'instinct de l'industrie ; il en connaît toutes les ressources et toutes les roueries.

Dans le fond, s'il a conservé quelques instincts barbares, il n'est pas ramoli par son climat de feu. S'il est plus éloigné que l'Ottoman de la civilisation occidentale, cela ne l'empêche point d'avoir l'esprit le mieux ouvert pour la comprendre.

Kesnin Bey, établissant un parallèle entre la Turquie et la Perse, ne s'est-il pas écrié : « La Perse peut être une grande nation de l'avenir ; la Turquie est un ancien grand peuple. »

J'ai dit que presque tous les Persans, sont des serviteurs de l'Islam ; les neuf dixièmes sont Chiites.

Un mot sur l'origine de cette religion.

Ali, neveu et gendre de Mahomet, avait donné pour épouse à son fils Hussein, la dernière fille du roi de Perse, Yesdidjird.

La famille d'Ali réunissait donc le pouvoir souverain et l'autorité religieuse.

Mais, dans les luttes qui eurent lieu à cette époque, Ali fut assassiné dans la mosquée de Koufa, d'où vient l'ancienne écriture Koufique. Ses deux fils Hussein et Hassan, furent égorgés dans des circonstances horribles, avec leurs familles et soixante-douze de leurs amis, à Kerbéla.

Les Musulmans de Perse conservent une horreur extrême de ce massacre, et, chaque année, ils en célèbrent la commémoration par des processions funèbres et des tortures volontaires.

Dans certaines parties de la Perse, on

organise des *Tazieh*, sortes de mystères, où l'on voit figurer Ali, Hussein, Hassan, leurs femmes et leurs enfants.

Pour beaucoup de ces sectes Chiites, Ali est placé sur le même rang que Mahomet; quelques-unes, même, voient en lui la plus parfaite des mille incarnations d'Allah.

Le chef de la religion Chiite, à Téhéran, est l'Iman Djoumm'e, Mirza Zeïn *oul Akdine.*

Il y a aussi dans la capitale de la Perse, un prélat catholique romain, Urumia-Mgr G.-J. Montéry, archevêque.

Les querelles religieuses sont fréquentes sur les frontières persanes et dégénèrent souvent en rixes sanglantes.

La Turquie, bien que jouant un rôle presque passif en comparaison de l'Angleterre et de la Russie, dit Madame Carla Serena, dans ses *Souvenirs personnels*, est la légation à qui l'occupation manque le moins. Un grand nombre de sujets Turcs Sunites, établis sur les limites de la Perse, s'y réfèrent souvent pour apaiser les querelles entre eux et les Chiites, sujets du Chah. Ces ennemis religieux trouvent tout prétexte bon pour vider leurs rancunes.

Le Sultan de Turquie, « *Rhoum* » en Persan, y est nommé Khan Kor. Cette dénomination signifie littéralement : *Buveur de sang.* Si les Chiites déclarent les chrétiens impurs, *négis,* comme les chiens, ils ont pourtant pour eux, en bien des cas, moins de haine que pour les Turcs Sunites, ennemis en religion, considérés comme étant les antagonistes de leur foi.

Les Sunites, Turcs d'Europe, Turcomrans, Tartares, Musulmans, tirent leur nom du mot arabe « *Sunnah* », qui signifie tradition. Ils reconnaissent comme véritables successeurs de Mahomet, les califes Abou-Bekr, Omar et Othman, qui régnèrent après lui, et se conforment à toutes leurs explications théologiques.

Les Chiites comprennent les Persans et les Mahométans des Indes, de la Mésopotamie, de la Syrie et du nord de l'Arabie. La secte s'est formée après l'assassinat d'Ali et l'usurpation des Ommiades, l'an 661 de notre ère.

La question du costume : Les Persans n'ont pas, comme les Ottomans modernes, sacrifié leurs modes à l'européanisation ; le pittoresque y gagne. Ils portent toujours le long cafetan d'étoffe claire, serré à la taille par une ceinture de soie ; par dessus, la robe ouverte, de couleur sombre. La coiffure consiste dans le haut bonnet traditionnel, de feutre ou d'astrakan, qui tend cependant à diminuer de hauteur et à être ramené aux dimensions d'une simple toque.

Il n'est pas rare de rencontrer des persans ou des persanes portant des gants de soie teints de nuance éclatante et brodés en couleur : ceux de la secte chiite ne portent pas de gants de peau déclarés *négis* — impurs.

On sait de quelle grandeur a brillé la Perse, quelles luttes ses armées eurent à soutenir, qu'elles marchassent en conquérantes ou qu'elles défendissent contre l'invasion le sol sacré de la Patrie. Depuis plusieurs siècles, leur histoire n'offrait plus trace de progrès ni de prospérité. La nation qui occupa un rang si élevé dans la vieille Asie et brilla d'un si vif éclat sous Cyrus, Darius, Xercès, Artaxercès, Artaban et autres rois glorieux, semblait frappée de torpeur.

La Perse dispose de forces militaires relativement considérables, étant donné le chiffre de sa population. Le mode de recrutement avait pour base, il y a une trentaine d'années, l'obligation pour chaque tribu de fournir un certain nombre de troupes. Les fantassins irréguliers viennent le plus souvent des montagnes de Farsistan, du Korassan et du Mazenderan. La grande force de l'armée persane consiste dans sa cavalerie.

« L'artillerie, disait à cette époque M. Périer, est ce qu'il y a de mieux dans l'armée persane ; elle se composait, alors qu'il écrivait cela, de 5,000 à 6,000 hommes environ, manœuvrant d'après l'instruction anglaise. Beaucoup d'entre eux avaient fait la guerre contre les russes, les turcs et les afghans, et, ajoutait l'éminent écrivain, comme la solde qu'ils reçoivent est supérieure à celle de toutes les autres armes et qu'elle leur est payée avec ponctualité, ils restent tous sous les drapeaux et s'y distinguent par de véritables qualités militaires. »

En 1860, après la défaite de Merv, l'Angleterre refusa à S. M. Nassr-ed-Din les instructeurs qu'il lui demandait pour amener ses troupes et le matériel de ses arsenaux, à la hauteur des progrès de la théorie moderne. Ce fut seulement en 1878, au cours d'un des voyages du Chah, en Europe, que S. M. l'Empereur d'Autriche consentit à mettre, pour trois années, à son service un certain nombre de fonctionnaires civils et d'officiers de son armée.

A peine les officiers autrichiens eurent-ils fait leur apparition à Téhéran, qu'une bande d'officiers russes y arrivait à son tour, commandée par l'énergique colonel Demantowitch. La mission de ces officiers était de s'occuper également de la réforme de l'armée persane. Demantowitch commença par organiser des escadrons de cosaques ayant un effectif de 500 hommes, avec des cadres identiques à ceux des régiments russes. M. Lacoin de Vilmorin a signalé l'inconvénient de cette création trop moscovite.

Dès leur origine, ces régiments de cosaques devinrent l'instrument le plus commode d'intimidation à la cour de Téhéran. « Lorsque le ministre russe veut appuyer plus particulièrement une demande, il n'a qu'à parler de l'augmentation de l'effectif de ses cosaques, ces régiments, en effet, sont bien plus russes que persans; ils sont placés immédiatement sous les ordres de l'ambassadeur de Russie, et, bien que pour la majeure partie composés de russes, ils n'en sont pas moins tout dévoués au pays dont ils portent l'uniforme. Il est même probable que, sur les ordres de leurs officiers, ils n'hésiteraient pas à marcher contre les troupes impériales. »

Ils possèdent une très bonne musique qui joue tous les jours dans la cour de la légation de Russie.

Une dernière bizarrerie à laquelle, selon leur habitude, les puissances ont paru n'attacher aucune signification :

S. M. le Tsar de toutes les Russies fait assez souvent, aux officiers des cosaques perso-moscovites de gracieux cadeaux, consistant en envois de canons, approvisionnements très variés, munitions, etc., etc., transformant lentement et par infiltration, la capitale de la Perse en forteresse russe.

Du reste, encore une remarque bizarre : A Téhéran, les fonctionnaires présentent les armes aux européens.

Le service militaire est obligatoire depuis 1875 et d'une durée de douze ans, commençant à l'âge de vingt ans.

En temps de paix, cependant, le service actif ne dure que six mois à deux ans, selon les besoins de la garde des frontières ou du service dans les principales villes, tandis qu'en temps de guerre, la durée du service est probablement illimitée.

Le noyau de l'armée est formé par les troupes irrégulières — *rédif*. Environ 125 corps de cavaliers volontaires commandés par leurs chefs de tribus respectifs.

On n'est pas très exactement fixé sur la composition des troupes régulières — *nizam*. D'après certaines évaluations précises, elles s'élèveraient à 80 bataillons d'infanterie de 600 à 800 hommes.

Artillerie. — 23 batteries d'artillerie de campagne ; chaque batterie de deux à trois compagnies ayant chacune de quatre à huit pièces et comptant ensemble 300 à 400 hommes.

Un régiment de pionniers de 500 hommes.

Selon ces indications, les arsenaux contiendraient 50,000 fusils Werndl ; 74 canons Uchatins : 40, calibre 7 centimètres ; 10, calibre 6 centimètres ; 18, calibre 10 centimètres, et 500 à 600 vieux canons lisses avec des munitions.

La garnison habituelle de Téhéran se compose de cinq à huit bataillons d'infanterie, trois sotnias de cosaques à 400 hommes, une batterie de cosaques de six canons et de six à dix batteries de huit pièces.

Les évaluations de l'effectif de guerre sont très contradictoires ; on table généralement sur une soixantaine de mille hommes ; mais j'ai tout lieu de croire que tout compte fait et en comprenant l'année irrégulière, on peut facilement dépasser un effectif de cent mille hommes.

L'armée persane a pour commandant en chef *Kamran* Mirza, Naïb-es-Sultanieh.

Les autres grands chefs sont :

L'intendant général : *Nizam* el Mulk.

Le payeur général : *Abdullah* Khan-Wall.

L'aide de camp général : Seif-es-Sultanieh.

Artillerie. — Commandant : *Nizam* ed Daoulch.

Artillerie à chameau. — Chef : *Nasr Oullach* Khan.

Instructeurs Infanterie. — Andrini, Geisler, de Wedel, généraux ; Malettra, major.

Cavalerie. — Le comte de Berchtold.

Brigade de cosaques. — Commandant : Kissakoffsky, colonel.

Artillerie. — Wagner de Wetterstaedt, général.

Musique. — chefs : A. Lemaire, J. Gebaner.

Ecole militaire. — Directeur : Mirza Kerim Khan, *Muntazem*-el-Daouleh.

VIII

LA MARINE & LE COMMERCE

VIII

La Marine et le Commerce

Par exemple, la flotte est fort pauvre, ou plutôt elle n'existe pas, la Perse n'ayant pour ainsi dire aucuns intérêts maritimes.

Si j'étais aussi superstitieux que les Orientaux, je mettrais cette pénurie navale sur le compte de l'invincible répugnance, ou de la crainte insurmontable que les Persans éprouvent pour la mer et qui les place dans un état d'infériorité réel vis-à-vis de certains voisins.

Donc, la flotte persane, si on peut dire la flotte, se compose de : un vapeur à hélice de 600 tonneaux, 450 chevaux de force indiqués, portant six canons ; un bateau pour le service policier. Ce dernier sur le Karoun, jauge 36 tonneaux et porte un canon. Les deux bâtiments datent de 1885.

Du reste, les Persans possèdent peu de navires. Ceux de l'iman de Mascate desservent le commerce dans la mer des Indes.

Les statistiques de la navigation du golfe Persique pour 1892 fournissent des chiffres intéressants.

Voici quel était le mouvement maritime et commercial.

Les chiffres sont exprimés en livres sterling :

	Marchandises	Monnaie	Total
Bouchir......	571.816	59.054	630.870
Lingué.......	476.237	191.875	668.112
Bender-Abbas.	200.628	19.250	219.887
Chiraz.......	461.911	—	461.911
Total.....	1.710.592	270.179	1.980.780

Voici, à présent, le mouvement des importations pour la même année :

	Marchandises	Monnaie	Total
Bouchir......	1.038.470	6.445	1.029.915
Lingué.......	572.083	200.000	772.083
Bender-Abbas.	273.223	5.436	278.659
Chiraz.......	877.160	—	872.160
Total.....	2.740.936	211.881	2.952.817

En l'année 1892, le port de Bonchir a vu entrer 249 navires jaugeant 145,830 tonnes; le port de Lingué, 891 navires jaugeant 194,725 tonnes; le port de Bender-Abbas, 261 navires jaugeant 79,219 tonneaux. Sur ce nombre de bâtiments, le seul contingent britannique a été, pour le port de Bonchir, de 151 bâtiments et 134,500 tonneaux; pour le port de Lingué, 252 avec 166,250 tonneaux, et pour le port de Bender-Abbas, 99 navires et 74,362 tonneaux.

Cette année-là, le total des transactions pour le commerce extérieur s'est élevé à environ 210 millions de francs : de 132 millions pour l'importation et de 78 millions pour l'exportation.

IX

FINANCES

IX

Finances

Le système financier de la Perse ne ressemble à aucune des méthodes appliqués dans les autres pays, même en Extrême-Orient.

Il n'y a pas de dette publique ; partant, pas de crédit.

Les revenus de l'Etat sont estimés à cent millions de francs, montant des taxes et impôts, parmi lesquels on peut citer : *le Méliat*, impôt foncier, rapportant au fisc le cinquième des produits du sol. L'imposé est libre de s'acquitter en nature ou en numéraire ;

La taxe sur les animaux domestiques : chameaux, chevaux, ânes, mulets, abeilles ,etc. ;

L'impôt personnel ;

L'impôt immobilier, celui qui frappe les magasins et les boutiques, n'est en vigueur que dans les villes ;

Le produit des douanes, dont le droit fixe est de 5 °/o, *ad valorem*.

Comme les impôts perçus ne servent qu'aux besoins de la Cour, les dépenses sont supportées par les provinces.

X

LES SOUVERAINS PERSANS

X

Les Souverains Persans

Au milieu de cette sincère étude sur la Perse actuelle et avant d'esquisser le court portrait du grand souverain qui préside à sa destinée, il m'a paru intéressant de placer ici, ne fusse qu'à titre documentaire, la liste complète de tous les monarques qui ont gouverné ce beau pays. De quelques-uns, les noms illustres traverseront tous les siècles comme ils ont déjà traversé ceux qui les séparent de nous et leur gloire n'en sera que plus grande. Car les grands souverains ne s'affaiblissent pas dans l'histoire ; il semble au contraire qu'ils entrent plus profondément dans les mémoires et se transmettent, grandis encore des éloges, d'une génération à la génération suivante.

D'aillleurs, il me semble que cette liste des maitres magnifiques de la Perse précèdera l'esquisse de S. M. Nassr-ed-Din comme un de ces brillants cortèges qui autrefois marchaient autour des grands souverains asiatiques, pour prouver leur puissance et montrer leur faste.

La liste des souverains Persans s'ouvre par la dynastie fabuleuse des Pichtadiens ou Kaïomariens, qui lui donnent :

Zohâk, vers 800 avant Jésus-Christ et Peridoum postérieurement à cette date.

Paraissent les Achéménides ou Kaïanides où nous trouvons les noms glorieux de Cyrus, 536 ans avant Jésus-Christ ; Cambyse, en 530 ; Smerdis, *le mage*, en 523 ; Darius Ier, fils d'Hystaspe, en 521 ; Xerxès Ier, en 485 ; Artaban, en 472 ; Artaxerxès Ier, *Longue-main*, en 471 ; Xerxès II, en 424 ; Sogdien, en 424 ; Darius II, en 425.

Nathus en 423 ; Artaxerxès II, *Mnémon*, en 404 ; Ochus, en 362 ; Arsès, en 338 ; Darius III, *Codoman*, 336 ; Alexandre Ier, *le Grand*, en 330-323.

Intervalle en 322 ans avant Jésus-Christ à 226 après Jésus-Christ, rempli par les dynasties de *Seleucides* et des *Parthes* ou *Arsacides*.

Puis vient la dynastie des *Sassanides :* Ardéchir ou Artaxerxès, en 226 après Jésus-Christ; Sapor Ier, en 238; Hormisdas Ier, en 271; Varanes ou Bahram Ier, en 273; Varanes II, en 276; Varanes III, en 293; Narsès, en 295; Hormisdas II, en 303; Sapor II, en 310; Artaxerxès II, en 380; Sapor III, en 384; Varanes IV, en 389; Yezdejerd Ier, en 389; Varanes V, en 420; Yezdejerd II, en 440; Perosès Ier ou Firouz, en 457; Balascès, en 484; Cabad, en 491; Chosroès, *le Grand*, en 531; Hormisdas III, en 579; Chosroès II, en 590: Siroës, en 620;

De 629 à 632, période troublée qui voit se succéder : Sarbazar ou Shahriar; la reine Tourandochk.

En 632, le désordre s'accentue, à peine le trône voit-il s'asseoir Rochanchdeh; la reine Arzoumidecht; Chosroès III; Perosès II; Faroukzad. Yezdejerd III survient et son règne se prolonge pendant vingt ans, de 632 à 652.

L'autorité des califes d'Orient pèse ensuite sur la Perse, depuis 632 jusqu'à 1258. Mais concurremment avec les califes, sur quelques points seulement : 1° *Tahérides,* 820-872; 2° *Saffarides,* 872-902; 3° *Sassanides*, 902-999; 4°

Bouides de l'Irak adjemi, 932-1058; 5° *Bouides du Fars*, 932-1039.

Les *Gaznevides* en Perse et Inde : Alp-Tekin, en 973 ; Mahmoud, en 997, et Macoud, en 1028.

Les *Seldjoucides*, de Perse, nous donnent : Togrul Ier ou Togrul-Beg, en 1038 ; Alp-Arslan, en 1064 ; Malek-Chah, en 1072 ; Barkiaroc, en 1093 ; Mohammed Ier, en 1105 ; Sandjar ; Mahmoud Ier ; Macoud ; Mohammed II, en 1115 ; Mahmoud II, en 1158 ; Soliman-Chah, en 1160 ; Arslan-Chah, en 1161 ; Togrul II, de 1175 à 1194.

L'autorité des sultans dure de 1187 à 1194.

Voici les quatre grands khans mongols : Gengis, en 1225 ; Otkaï, en 1229 ; Kaïouk, en 1242 ; Mangou, en 1250.

Le Khanat mongol d'Iran est passablement troublé ; nous y trouvons les noms de Houlagou, en 1258 ; Abaka, en 1265 ; Ahmed, en 1282 ; Arghoun, en 1284 ; Kandjatou, en 1290 ; Baïdou, en 1294 : Kasan ou Haçan, en 1295 ; Aldjaptou, en 1304, et Abousaïd, en 1317.

De 1335 à 1360 anarchie.

Ilkhaniens : Haçan-Buzurk, en 1336 ; Aveis

Ier, en 1356; Ahmed Gésaïr ou Aveis II, de 1381 à 1390. En même temps, les *Djoubaniens* et les *Madhoffériens* fomentaient des troubles dont profitait Timour-Lengh ou Tamerlan qui apparaît avec une bande dévastatrice de mongols, en 1387, et meurt en 1405.

A la mort de ce prince, les Turcomans prennent la prépondérance, sa *dynastie du Mouton noir* nous donne : Escander, en 1407 ; Géangir, en 1435.

Dynastie du Mouton blanc : Auzoum-Hassan, en 1468 ; Yecouf, en 1478 ; Djoulaver, en 1485 ; Baysingir, en 1488 ; Roustam, en 1490 ; Ahmed, en 1497 ; Alvant, en 1497.

Dynastie des Sofis : Ismaïl Ier, en 1499 ; Thahmasp Ier, en 1524 ; Ismaïl II, en 1576 ; Khodavend, en 1577 ; Hamzah ou Mir Hamzeh, en 1585 ; Ismaïl III, en 1585 ; Abbas *le Grand*, en 1587 ; Séfi, en 1629 ; Abbas II, en 1642 ; Soliman II, en 1666 ; Hussein, de 1694 à 1722 ; Mahmoud, en 1722 ; Aschraf, en 1725 ; Thahmasp II, en 1729 ; Abbas III, en 1732.

De la chute des Sofis à l'époque actuelle : Nadir-Chah, en 1736 ; Ali-Kouli-Khan, en

1747; Hrahim, en 1747; Ismaïl-Chah devient le souverain en titre; mais il eut pour compétiteurs, Ali-Merdan, Azad, Mohammed, Hassan.

Herim Wakil tint de 1761 à 1779.

La guerre civile éclata et dura quinze années pendant lesquelles chaque gouverneur de province essayait d'arriver au pouvoir souverain.

La dynastie de Kadjars fut fondée par Mohammed Aga l'Eunuque, il y a eu juste un siècle en 1894. Et en cent ans, sans interrègne, cette dynastie a donné seulement quatre souverains. Quelque violents que puissent être les peuples de l'Extrême-Orient, ils donnent souvent des exemples et de grandes leçons aux peuples occidentaux.

Voici les noms des quatre souverains kadjars:

Aga-Mohammed-Khan, en 1794; Feth-Ali-Pacha, en 1796; Mohammed-Chah, en 1834; Nassr-ed-Din-Chah, en 1848.

Dans trois ans, en 1898, S. M. Nassr-ed-Din pourra célébrer sa cinquantaine. On n'a pas, dans l'histoire de Perse, d'exemple d'un règne aussi long.

S. M. NASSR-ED-DIN

CHAH DE PERSE

XI

S. M. NASSR-ED-DIN

XI

S. M. Nassr-ed-Din

Je crois qu'il est peu de souverains sur lesquels on ait bâti ou inventé autant de légendes, que sur S. M. Nassr-ed-Din. Qu'elle reste dans ses Etats ou qu'elle vienne, la première de tous les monarques persans, interroger la civilisation occidentale, au lieu d'écrire l'histoire *vraie* de ses voyages et de lui en faciliter le but, on se plait à ne voir en Elle qu'un puissant et brillant souverain des *Mille et une Nuits*.

Heureusement, l'histoire est plus sérieuse que le « reportage » et ce sera une gloire pour Sa Majesté Persane que d'avoir laissé dans les annales européennes l'éternel souvenir d'un grand effort dont les résultats ont déjà profité au pays sur lequel il règne.

Le Chah porte le titre glorieux de Nassr-ed-Din — *Roi des Rois, Elevé comme la planète de Saturne, Pôle de l'Univers, Puits de science, Marchepied du ciel, Souverain sublime à qui le Soleil sert d'étendard et dont la magnificence est pareille à celle des cieux, Monarque dont les armées sont nombreuses comme celle des étoiles.* D'après l'histoire ancienne de la Perse, Nassr-ed-Din est le descendant d'une tribu, dont l'origine remonte à Térek, fils de Japhet et petit-fils de Noé.

Fils aîné de Méhemet Chah et de la princesse Mauhd Aulia, fille de Kassim-Khan-Kadjar, il est né en 1830 et monta sur le trône le 20 octobre 1848 à minuit.

Dès le début de son règne, ses qualités de réformateur se révélaient et lui conciliaient les sympathies de tous ceux qui l'approchaient ; généreux parfois jusqu'à la prodigalité, il se montrait le digne descendant des fastueux rois de Perse et, surtout, on lui savait grâce de ne pas suivre les errements cruels de ses prédécesseurs. Mais, malgré que sa réputation se fut répandue dans les pays occidentaux, elle n'avait pas atteint l'apogée à laquelle la menèrent ses voyages à travers l'Europe.

D'un esprit éclairé, instruit, très observateur et d'un grand sens pratique, il comprit tout de suite quels avantages l'Asie devait tirer d'une civilisation nouvelle, ne permettant pas des réformes radicales immédiates, mais des tentatives d'innovations qu'il ne manqua pas de faire et dont on se félicite.

L'aide et le concours de la France, qu'il tient en haute estime, ne lui firent point défaut et lui permirent d'heureux essais qui réussirent. C'est ainsi qu'il a inauguré le service postal et fait entrer la Perse dans l'union postale; il a multiplié les routes carrossables. Citons aussi l'introduction du télégraphe électrique, la transformation de l'armée persane (1871), la constitution d'un Conseil d'Etat, l'érection de la Monnaie et surtout la création d'une école Française, à Téhéran, où les fils des plus grandes familles reçoivent les leçons de professeurs français qui leur enseignent, dans notre langue, l'histoire, la géographie, la médecine et le dessin. Aujourd'hui, les gouverneurs et les premiers magistrats persans parlent presque tous le français.

S. M. Nassr-ed-Din exerce un pouvoir

absolu : elle est maîtresse souveraine de la vie et des biens de ses sujets.

Malgré cela, le Chah a fort à lutter parfois contre le parti religieux, hostile à toutes les idées de réformes inspirées par la civilisation occidentale.

Malgré sa voix sonore et saccadée, le Chah est d'un naturel fort timide. Depuis ses voyages en Europe, les affaires de *Franghistan*, comme les Persans appellent nos pays, attachent son esprit. Tous les jours, il se fait lire les journaux et traduire les passages qui échappent à sa compréhension ; il s'amuse surtout beaucoup de nos journaux illustrés.

C'est un cavalier accompli, grand dévoreur d'espace et surtout chasseur passionné de féroces gibiers que nos gouvernants ne rencontreront jamais dans les tirés de Fontainebleau. A côté de ces robustes passions indiquant une vigoureuse nature et un cœur fort, il adore les fleurs et les parfums, raffole de la parure, des bijoux et des vêtements lourds de pierreries. Est un peu enclin à la superstition et écoutera volontiers son astrologue.

L'héritier présomptif de la couronne est le

prince Mouzaffer-ed-Din Mirza Valiahd, né le 25 mars 1853.

Le Grand Vizir est un homme des plus remarquables. Mirza Ali *Asghar* Khan, Emin-es-Sultanieh seconde admirablement l'œuvre de Nassr-ed-Din et la Perse peut s'estimer heureuse de se sentir dirigée ainsi dans la seule voie qui lui rende l'espérance de reconquérir une partie de son ancienne splendeur.

D'un autre côté, Son Excellence le général Nazare-Agha, ambassadeur de Perse, a été un des zélateurs de cette œuvre si profitable à son pays. Tous ceux qui connaissent le sympathique diplomate sont unanimes à proclamer son caractère loyal, sa haute intelligence et nul doute qu'il ne mène à bien la tâche patriotique qu'il poursuit.

De son pays, S. M. Nassr-ed-Din suit attentivement les travaux de ses diplomates. Le Chah est trop hautement intelligent pour ne pas avoir apprécié celui qui le représente si dignement en France.

Je clôture cette étude que je trouve trop

courte pour toutes les choses qu'il y aurait encore à dire sur la Perse et sur son Souverain.

On a pu voir quels progrès le Chah a su réaliser si heureusement. On en peut déduire que si la lutte pour les grandes questions industrielles et les progrès scientifiques est longue dans l'Iran, S. M. Nassr-ed-Din a trop fait pour ne pas faire plus encore.

FÉCAMP. — IMPRIMERIES RÉUNIES (BREVETÉES) L. DURAND ET FILS.

www.ingramcontent.com/pod-product-compliance
Ingram Content Group UK Ltd.
Pitfield, Milton Keynes, MK11 3LW, UK
UKHW022114190726
13855UKWH00002B/849